Torsten Döbbecke

Riemann-Geometrie und allgemeine Relativitätstheorie

Anwendungen der Tensoranalysis in der Relativitätstheorie

GRIN Verlag

Bibliografische Information der Deutschen Nationalbibliothek:

Die Deutsche Bibliothek verzeichnet diese Publikation in der Deutschen National-
bibliografie; detaillierte bibliografische Daten sind im Internet über http://dnb.d-
nb.de/ abrufbar.

Impressum:

Copyright © 2010 GRIN Verlag GmbH
Druck und Bindung: Books on Demand GmbH, Norderstedt Germany
ISBN: 978-3-640-74065-9

Dieses Buch bei GRIN:

http://www.grin.com/de/e-book/159800/riemann-geometrie-und-allgemeine-relati-
vitaetstheorie

Autor: Dipl.-ing.T.Döbbecke
Datum: 6/2011

Riemann-Geometrie, Tensoranalysis und allgemeine Relativitätstheorie
(Anwendungen der Tensoranalysis in der Relativitätstheorie)

Zweite erweiterte und verbesserte Auflage

Inhalt

Einleitung

In diesem Beitrag sollen die mathematisch-physikalischen Grundlagen, Methoden und Grundgesetze der allgemeinen Relativitätstheorie auf der Basis der Tensoranalysis im Riemann-Raum dargelegt werden. Zunächst wollen wir in einer Vorbetrachtung auf die physikalischen Voraussetzungen und Effekte, sowie auf die Prinzipien der speziellen Relativitätstheorie (SRT) und der allgemeinen Relativitätstheorie (ART) eingehen. In diesem Zusammenhang behandeln wir die Eigenschaften des Minkowski-Raumes, welcher in der SRT Verwendung findet und die Eigenschaften des 4-dimensionalen Riemann-Raumes, welcher der ART zugrunde liegt. Für die Beschreibung der ART in der gekrümmten 4-dimensionalen Raum-Zeit gehen wir auf wichtige Tensoren, wie Riemannscher Krümmungstensor, Ricci-Tensor und Materietensor ein. Für den Krümmungstensor behandeln wir zwei verschiedene Herleitungsvarianten. Weiterhin werden grundlegende Gleichungen (wie z.B. die Gleichung der Geodäten und die Bianchi-Identitäten) und wichtige Eigenschaften der Tensoren betrachtet. Es sollen auch einige Bemerkungen zu den Geometrien erfolgen, welche über die Riemann-Geometrie hinausgehen und welche in allgemeinen Feldtheorien zur Anwendung kommen.
Für die mathematische Behandlung der allgemeinen Relativitätstheorie gehen wir auf wichtige Ableitungs- und Variationsformen ein. Hierzu gehören die ko- und kontravariante Ableitung, die Lie-Ableitung, die Funktionsvariation, die substantielle Variation, die lokale und totale Variation von Tensorfeldern, insbesondere der Metrik, sowie Variationsableitungen von Feldgrößen nach dem metrischen Tensor. Im Zusammenhang mit der Beschreibung des Materietensors betrachten wir den mechanischen- und den elektromagnetischen Energietensor, sowie die Formulierung von Erhaltungssätzen in der allgemeinen Relativitätstheorie. Für die Herleitung der Einsteinschen Gravitations-Feldgleichungen aus dem Hamilton-Prinzip der Feldtheorie gehen wir auf zwei Varianten ein. In diesem Zusammenhang behandeln wir die Beziehungen für die Lagrange-Funktion bzw. Lagrange-Dichte sowie Variationsableitungen von Feldgrößen für das Gravitationsfeld.
Den Übergang von der Einsteinschen zur Newtonschen Gravitationstheorie vollziehen wir für schwache Gravitationsfelder und kleine Geschwindigkeiten (gegenüber der Lichtgeschwindigkeit). Aus dieser approximativen Theorie gewinnen wir die Beziehung zwischen der Newtonschen und der Einsteinschen Gravitationskonstanten. Zum Abschluss gehen wir auf wichtige Lösungsmethoden und Lösungen der Einsteinschen Feldgleichungen ein: innere und äußere Schwarzschild-Lösung für einen nichtrotierenden Himmelskörper, Kerr-Lösung für einen rotierenden Himmelskörper und die Robertson-Walker Metrik für einen geschlossenen oder offenen Kosmos.
In der 2. Auflage haben wir alle Kapitel neu überarbeitet und die Kapitel „Weitere Ableitungs- und Variationsformen von Tensorfeldern", „Lokale Variation und Erhaltungssätze in der ART" und „Bestimmung der Einsteinschen Gravitationskonstante" mit aufgenommen.

Vorbetrachtung: Postulate, Prinzipien, Räume und Effekte der Relativitätstheorie

Der speziellen Relativitätstheorie (SRT) liegen zwei Postulate zugrunde. Dies sind zum einen die Konstanz und der Grenzcharakter der Lichtgeschwindigkeit und zum anderen die Gleichberechtigung gradlinig und gleichförmig zueinander bewegter Bezugssysteme (Inertialsysteme). Hieraus resultieren die Lorentz-Transformationen, womit man die Orts- und Zeitkoordinaten von einem in ein anderes Inertialsystem umrechnet und die speziell-relativistische Effekte wie z.B. die Relativität der Gleichzeitigkeit, die Relativität der Zeit (Zeitdilatation) und die relativistische Längenkontraktion.
Diese Effekte können wir als Raum-Zeit und Perspektiveffekte bezeichnen. Als Perspektiveffekt verstehen wir es deshalb, weil wir bei der Umrechnung (z.B. der Zeitintervalle) von einem in eine anderes Inertialsystem und zurück die analogen Transformationen erhalten, eben weil die Bezugssysteme (Inertialsysteme) gleichberechtigt sind. Als Raum-Zeit-Effekt verstehen wir es deshalb, weil Raum und Zeit im Zusammenhang stehen und vom Bewegungszustand der Materie (des Bezugssystems) abhängen. In der Relativitätstheorie werden daher Raum und Zeit als eine Einheit betrachtet, sie werden in einer vierdimensionalen Raum-Zeit zusammengefasst. Der SRT liegt hierbei ein ungekrümmter vierdimensionaler Raum, der Minkowski-Raum zugrunde, wobei in die vierte Dimension die Zeit eingeht. Es lässt sich nun ein raumzeitlicher Abstand in diesem Raum angeben, welcher invariant gegenüber Lorentz-Transformationen ist.
Ist das vierdimensionale Linienelementquadrat gleich Null und stellen wir eine Raumdimension weniger dar, so erhalten wir einen isotropen Hyperkegel, den Lichtkegel (einen Doppelkegel). Durch den Vorkegel wird die Vergangenheit und durch den Nachkegel wird die Zukunft repräsentiert. Auf dem Kegelmantel finden die Ereignisse mit Lichtgeschwindigkeit statt. Ist das Linienelementquadrat kleiner als Null, so folgt daraus eine Bewegung mit Unterlichtgeschwindigkeit.
Es stellte sich nun heraus, dass die Maxwellschen Gleichungen der Elektrodynamik ihre Form nach Lorentz-Transformation nicht änderten (Forminvarianz). Diese Forminvarianz gilt auch für andere Grundgesetze der Physik wie z.B. in der Mechanik und in der Quantenmechanik. Das spezielle Relativitätsprinzip beinhaltet daher die Forminvarianz der Grundgesetze der Physik gegenüber (kontinuierlich auseinander hervorgehenden) Lorentz-Transformationen [4].

Den Rahmen der SRT verlassen wir, indem wir beschleunigte Bezugssysteme und die Gravitation mit einbeziehen. Betrachten wir die Verhältnisse zunächst noch ohne Einbezug der Gravitation, so stellen wir fest, dass es im Minkowski-Raum nicht nur möglich ist Inertialsysteme (Lorentz-Systeme) zu betrachten, sondern auch beschleunigte Bezugssysteme, also Nichtinertialsysteme, welche damit nicht mehr gleichberechtigt zueinander sind. Deshalb lässt sich im Minkowski-Raum nicht nur spezielle, sondern auch allgemeine Relativitätstheorie betreiben, mithin können wir nun beliebige Koordinaten und beliebige Bewegungszustände der Beobachter betrachten. Man kommt damit folgerichtig zum allgemeinen Relativitätsprinzip: Für zwei im beliebigen Bewegungszustand befindliche Beobachter (deren Koordinatensysteme kontinuierlich auseinander hervorgehen) haben die physikalischen Grundgesetze die gleiche Form (allgemeines Kovarianzprinzip) [4]. Wir wollen nun Einsteins Weg zur allgemeinen Relativitätstheorie betrachten.
Einstein stellte sich einen Beobachter in einem gleichmäßig beschleunigten Kasten vor. Kann dann dieser Beobachter (wenn er keine Sicht zur Außenwelt hat) feststellen, ob die Kraft, welche ihn z.B. auf den Boden drückt, von einer Trägheitswirkung oder einer Schwerkraft herrührt? Sicher kann ein Beobachter dies nicht unterscheiden. Man sagt, Trägheit und Schwere sind äquivalent (träge und schwere Masse sind exakt gleich.) Weiter stellte sich Einstein in einem gleichmäßig beschleunigt bewegten Kasten einen Lichtstrahl vor, der an

den Kastenwänden hin und her reflektiert wird. Ein Außenbeobachter würde (aufgrund der Beschleunigung des Kastens) den Lichtstrahl gekrümmt sehen. Aufgrund der Äquivalenz von Trägheit und Schwere muss dann aber der gleiche Effekt, welcher bei einer Beschleunigung auftritt, auch durch die Wirkung des Gravitationsfeldes auftreten. Ein Lichtstrahl muss also, wenn er sich an einer Masse vorbeibewegt, ebenfalls gekrümmt werden (dies hängt von der Masse und vom Abstand zur Masse ab). Wenn dies aber der Fall ist, so muss das Licht der betrachteten Wellenfront, welches weiter von der Masse entfernt ist, sich schneller bewegen, als das Licht, welches sich näher an der Masse vorbeibewegt. Die Lichtgeschwindigkeit muss also von der Masse des Körpers (der das Licht ablenkt), vom Abstand und von der Richtung des Lichtes zur Richtung des Gravitationsfeldes abhängig sein. Die grundlegende Feststellung, die Lichtgeschwindigkeit sei konstant, musste Einstein nun bei Berücksichtigung des Gravitationsfeldes fallen lassen. Einstein sah so, dass grundlegende Änderungen seiner Theorie, ja eine neue Theorie erforderlich war, wenn man das Gravitationsfeld zu berücksichtigen hat. Die Krümmung der Lichtstrahlen und die Änderung der Lichtgeschwindigkeit im Gravitationsfeld konnten nicht mehr durch den ungekrümmten vierdimensionalen Minkowski-Raum erklärt werden. Die Krümmung der Lichtstrahlen deutete Einstein als Folge der Krümmung des Raumes. Raum und Zeit bilden aber nach wie vor eine Einheit. Einstein musste also zum vierdimensionalen Riemann-Raum übergehen, um die Krümmung der vierdimensionalen Raum-Zeit berücksichtigen zu können. Da dies aber von den Massen abhängt (siehe oben), musste die Größe und die Verteilung der Massen die Krümmung der vierdimensionalen Raum-Zeit bestimmen. Diese Krümmungsverhältnisse bestimmen aber wiederum, wie wir sahen, die allgemein-relativistischen Effekte. Die Periheldrehung des Merkur, die Lichtablenkung der Sternlichtstrahlen an der Sonne, die Zeitverschiebung im Gravitationsfeld u.a. werden als Folge der Krümmung der Raum-Zeit beschrieben.
Im Unterschied zur SRT, in der wir eine konstante Metrik und keine Raumkrümmung hatten, haben wir nun in der allgemeinen Relativitätstheorie (ART), bei Vorhandensein eines Gravitationsfeldes, eine Variabilität der Metrik und der Raumkrümmung.
Jede Disziplin der Physik muss streng genommen das allgemeine Relativitätsprinzip als Fundament haben [4]. Man hat es insbesondere bei hohen Geschwindigkeiten und starken Gravitationsfeldern nicht nur mit dem einen oder anderen bekannten relativistischen Effekten zu tun. Es gibt Zusammenhänge der allgemeinen sowie der speziellen Relativitätstheorie mit den einzelnen Physikdisziplinen wie Mechanik, Elektromagnetik, Optik, Thermodynamik usw., wobei die allgemeine Relativitätstheorie zusätzlich i.a. noch die Gravitation mit einbezieht. Das bedeutet aber, dass die ART sich nicht in der Gravitationstheorie erschöpft. Es gilt also weder die Gleichsetzung ART ist gleich Gravitationstheorie noch gilt, dass sich der Minkowski-Raum nur mit der SRT verbinden lässt.

Nun werden die beiden vierdimensionalen Räume Minkowski-Raum (ein pseudoeuklidischer Raum) und Riemannscher-Raum (genauer: pseudoriemannscher Raum) nicht nebeneinander betrachtet, sondern in Beziehung gebracht. Zunächst lässt sich feststellen: Wird das Gravitationsfeld immer schwächer, so geht die gekrümmte vierdimensionale Raum-Zeit mehr und mehr in den ungekrümmten Minkowski-Raum über. In beiden Räumen lassen sich insbesondere beschleunigte Bezugssysteme betrachten.
Lokal an den vierdimensionalen Riemann-Raum, also in einem Punkt der Raum-Zeit, kann man einen Minkowski-Raum anheften, repräsentiert durch eine Tangentialebene, worin wir ein Lorentz-Inertialsystem errichten können. Diese Konstruktion kann man in jedem Punkt des vierdimensionalen Riemann-Raumes durchführen.
Im Folgenden werden wir die theoretischen Zusammenhänge zwischen Riemann-Geometrie und allgemeiner Relativitätstheorie auf der Basis der Tensoranalysis im Riemann-Raum etwas näher beleuchten.

1 Riemann-Geometrie und Tensoranalysis

1.1 Metrik, Christoffel-Symbole, kovariante Ableitung und Krümmungstensor

In der allgemeinen Relativitätstheorie (ART) wird zum gekrümmten 4-dimensionalen Riemann-Raum übergegangen, wobei Raum und Zeit im Zusammenhang betrachtet werden und in die 4.-te Dimension die Zeit eingeht. Die Effekte der ART werden damit als Folge einer gekrümmten Raum-Zeit verstanden. Die Krümmungs- und Maßverhältnisse im Raum werden durch die Größen und die Verteilung der Massen beschrieben, sie werden also durch das Gravitationsfeld bestimmt. Der Metriktensor wird in der ART mit dem Gravitationspotential gleichgesetzt. Mit Hilfe dieses Tensors wird das Linienelement im Riemann-Raum bestimmt. Man erhält dafür mit den kovarianten Metrikkoeffizienten g_{ik} und den krummlinigen Koordinaten x^i (wobei in der Relativitätstheorie $x^0 = c \cdot t$ ist bzw. auch mit x^4 (4. Dimension) bezeichnet wird; c Lichtgeschwindigkeit, t- Zeitkoordinate)

$$ds^2 = g_{ik}dx^i dx^k \tag{1.1}$$

und mit der kontravarianten Metrik g^{ik}

$$ds^2 = g^{ik}dx_i dx_k . \tag{1.2}$$

Die Summationen sollen dabei von 0...3 über doppelt auftretende Indizes erfolgen. Der Metriktensor lässt sich über die Skalarprodukte der ko- bzw. kontravarianten Basisvektoren ermitteln. Es ergibt sich:

$$g_{ik} = \mathbf{e}_i \cdot \mathbf{e}_k \quad \text{bzw.} \quad g^{ik} = \mathbf{e}^i \cdot \mathbf{e}^k \tag{1.3}$$

Hinweis: Es handelt sich hierbei um Basisvektorfelder, welche im Allgemeinen ein schiefwinkliges, ortsabhängiges Koordinatensystem festlegen. Die kovarianten Basisvektoren ergeben sich dann als Tangentenvektoren an die Koordinatenlinien.
Hierin sind die ko- und kontravarianten Basisvektoren zueinander orthogonal. Es folgt also:

$$\delta_i^k = \mathbf{e}_i \cdot \mathbf{e}^k \tag{1.4}$$

(Der Tensor δ_i^k ist der verallgemeinerte Kronecker-Tensor, der für gleiche Indexwerte 1 und für ungleiche Indexwerte 0 ergibt)
Die kontravariante Metrik stellt die inverse Matrix zur kovarianten Metrik dar:

$$\left(g_{ik}\right)^{-1} = g^{ik} \tag{1.5}$$

In einem Riemann-Raum lassen sich die partiellen Ableitungen der Basisvektoren nach den Basisvektoren selbst zerlegen, wobei als Zerlegungskoeffizienten die Christoffel-Symbole auftauchen [1]:

$$\mathbf{e}_{i,k} = \Gamma_{ik}^l \mathbf{e}_l \quad \mathbf{e}_{,k}^i = -\Gamma_{lk}^i \mathbf{e}^l \tag{1.6}$$

Mit Hilfe dieser Zerlegungsformeln und der Beziehungen für die Metrik lässt sich der folgende Ausdruck für die Christoffel-Symbole zweiter Art herleiten:

$$\Gamma_{ik}^{l} = \frac{1}{2} g^{\ln}\left(g_{kn,i} + g_{in,k} - g_{ik,n}\right) \tag{1.7}$$

In einem Riemann-Raum sind die Metrik und die Übertragung (Christoffel-Symbole) symmetrisch. Die Christoffel-Symbole benötigt man zur Berechnung der ko- bzw. kontravarianten Ableitung von Tensorfeldern sowie zur Bestimmung wichtiger Tensoren und Gleichungen (z.B. für die Parallelverschiebung von Vektoren). Neben den Christoffel-Symbolen 2. Art werden auch die Christoffel-Symbole 1.Art verwendet. Durch die Operation des Herunterziehens eines Index mit der Metrik, was für Tensoren aber auch für die Christoffel-Symbole (die keine Tensoren sind) möglich ist, ergeben sich aus den Christoffel-Symbolen 2. Art die Christoffel-Symbole 1.Art [2]:

$$\Gamma_{ik,l} = g_{lm}\Gamma_{ik}^{m} \tag{1.8}$$

Hat man umgekehrt die Christoffel-Symbole erster Art vorliegen und möchte zu den Christoffel-Symbolen 2.Art übergehen, so kann man den dritten Index mit den kontravarianten Metrikkoeffizienten wie folgt Heraufziehen:

$$\Gamma_{ik}^{l} = g^{lm}\Gamma_{ik,m} \tag{1.9}$$

Wir betrachten nun die Extremalbedingung für die Bogenlänge einer Raumkurve zwischen den Punkten P_1 und P_2 und erhalten:

$$\delta \int_{P_1}^{P_2} ds = 0. \tag{1.10}$$

Daraus folgt bei Beachtung der Randbedingungen $\delta x^{i}\big|_{P_1} = \delta x^{i}\big|_{P_2} = 0$ (Variation der Koordinaten verschwindet an den Endpunkten) und der Beziehung für das Linienelement (1.1) die Gleichung der Geodäten:

$$\frac{d^{2}x^{i}}{ds^{2}} + \Gamma_{kl}^{i}\frac{dx^{k}}{ds}\frac{dx^{l}}{ds} = 0 \tag{1.11}$$

Ein ungeladenes Probeteilchen bewegt sich entlang der Geodäten im gekrümmten Raum. Im Riemann-Raum ist die Gradeste („gradeste" Fortsetzung der Kurve) mit der Geodäten (der Extremale der Bogenlänge) identisch.
In einem gekrümmten Raum erfährt ein parallel verschobener Vektor eine Richtungsänderung. Um die Krümmungseigenschaften des Riemann-Raumes zu bestimmen, betrachtet man die Richtungsänderung dieses Vektors beim Umlauf um eine beliebige, infinitesimale, geschlossene Kurve. Eine weitere Methode für die Bestimmung der Krümmungseigenschaften des Raumes geht von der Nichtvertauschbarkeit der kovarianten Ableitungen dieses Vektorfeldes aus.

Wir können aber bei dieser Herleitung auch von der Nichtvertauschbarkeit der partiellen Ableitungen der Basisvektorfelder ausgehen und erhalten damit [4]:

$$\mathbf{e}_{i,k,l} - \mathbf{e}_{i,l,k} = R^{n}{}_{ilk}\mathbf{e}_{n} \tag{1.12}$$

$$\mathbf{e}_{i,k,l} = \left(\left(\Gamma^{n}_{ki}\right)_{,l} + \Gamma^{m}_{ki}\Gamma^{n}_{lm}\right)\mathbf{e}_{n}$$

$$\text{mit } R^{n}{}_{ilk} = \left(\Gamma^{n}_{ik}\right)_{,l} - \left(\Gamma^{n}_{il}\right)_{,k} + \Gamma^{m}_{ik}\Gamma^{n}_{ml} - \Gamma^{m}_{il}\Gamma^{n}_{mk} \tag{1.13}$$

Für die Herleitung von (1.13) aus (1.12) haben wir die Zerlegungsformeln (1.6) verwendet. $R^{n}{}_{ilk}$ ist der 4-stufige Riemann-Christoffel-Tensor bzw. der Riemannsche Krümmungstensor. Man erkennt aus (1.13) die Antisymmetrie dieses Tensors in den letzten beiden Indizes:

$$R^{n}{}_{ilk} = -R^{n}{}_{ikl} \tag{1.14}$$

Daraus folgt auch:

$$R^{n}{}_{ikk} = 0 \tag{1.15}$$

Durch die Operation des Herunterziehens des oberen Index mit der Metrik, erhalten wir den vollständig kovarianten Krümmungstensor:

$$g_{mn}R^{n}{}_{ilk} = R_{milk} \tag{1.16}$$

Den Ricci-Tensor erhalten wir durch die folgende Verjüngung des Riemann-Tensors:

$$R_{il} = R^{k}{}_{ilk} = \left(\Gamma^{k}_{ik}\right)_{,l} - \left(\Gamma^{k}_{il}\right)_{,k} + \Gamma^{m}_{ik}\Gamma^{k}_{ml} - \Gamma^{m}_{il}\Gamma^{k}_{mk} \tag{1.17}$$

Der Ricci-Tensor ist ein zweistufiger symmetrischer Tensor. Mit Hilfe der Metrik und des Ricci-Tensors lässt sich der folgende Krümmungsskalar bilden:

$$R = g^{ik}R_{ik} = R^{k}{}_{k} \tag{1.18}$$

Dieser Skalar wird auch als skalare Krümmung oder Krümmungsinvariante bezeichnet. Weiterhin folgt eine Antisymmetrie für den vollständig kovarianten Krümmungstensor in den ersten beiden Indizes:

$$R_{milk} = -R_{imlk} \tag{1.19}$$

Aus den beiden Antisymmetrien (1.14) und (1.19) ergibt sich die folgende Symmetrie bei der folgenden Vertauschung der Indexpaare:

$$R_{ijkl} = R_{klij} \tag{1.20}$$

Weiterhin gilt, wenn man in diesem Tensor die letzten drei Indizes zyklisch vertauscht und die erhaltenen Formen summiert:

$$R_{i<jkl>} = R_{ijkl} + R_{iljk} + R_{iklj} = 0 \tag{1.21}$$

Wenn man die kovariante Ableitung des Krümmungstensors bildet und in die Zyklusbildung den Ableitungsindex einbezieht, so ergibt sich [7]:

$$\left(R_{ijkl;m}\right)_{<lkm>} = 0 \tag{1.22}$$

Dies sind die Bianchi-Identitäten. Weiterhin sind im Zusammenhang mit den Feldgleichungen (der Erfüllung der Erhaltungssätze) die folgenden Identitäten maßgebend:

$$\left(R^i{}_k - \frac{1}{2}R\delta^i_k\right)_{;i} = 0 \tag{1.23}$$

Der Ricci Tensor (1.17) und der Krümmungsskalar (1.18) gehen in die Einsteinschen Feldgleichungen für die Gravitation ein. Für eine weitere Herleitungsmöglichkeit des Riemannschen Krümmungstensors befassen wir uns zunächst mit den einfachen kovarianten Ableitungen von Tensorfeldern. Die Koeffizienten des Gradiententensors bilden die kovariante Ableitung des Tensors. Diese Ableitung ist unabhängig vom betrachteten Koordinatensystem. Wir erhalten z.B. für einen Tensor erster Stufe [1]

$$A_{k;m} = A_{k,m} - \Gamma^l_{km}A_l \tag{1.24}$$

bzw.

$$A^k{}_{;m} = A^k{}_{,m} + \Gamma^k_{lm}A^l \tag{1.25}$$

je nachdem, ob die kovarianten oder kontravarianten Vektorkoordinaten kovariant abgeleitet werden (das Semikolon steht dabei für kovariante Ableitung). Für einen gemischten Tensor zweiter Stufe erhalten wir über die Gradientenbildung:

$$T^k{}_{i;m} = T^k{}_{i,m} + \Gamma^k_{lm}T^l{}_i - \Gamma^l_{im}T^k{}_l \tag{1.26}$$

Eine Gradientenbildung erhöht die Stufe des Tensors um eins und eine Divergenzbildung verringert die Stufe des Tensors um eins. Bei Parallelverschiebung eines Vektors verschwindet dessen kovariante Ableitung und wir erhalten folglich aus (1.25):

$$A^k{}_{,m} = -\Gamma^k_{lm}A^l \tag{1.27}$$

Analog lässt sich die Parallelverschiebung eines beliebigen Tensors über das Verschwinden seiner kovarianten Ableitung definieren. Auf den Gradienten eines Tensorfeldes werden wir an anderer Stelle noch eingehen.

1.2   Krümmungstensor und Kurvenumlauf im Riemann-Raum

Für die Richtungsänderung eines Vektors beim Umlauf um eine beliebige, geschlossene Kurve im gekrümmten Raum ergibt sich unter Verwendung von Formel (1.27) das Umlaufintegral [2]:

$$\Delta A^k = -\oint \Gamma_{lm}^k A^l dx^m \tag{1.28}$$

Verwenden wir die Bogenlänge als Parameter ($x^i = x^i(s)$ $A^i = A^i(s)$), so ergibt sich daraus [6]:

$$\Delta A^k = -\oint \Gamma_{lm}^k A^l \frac{dx^m}{ds} ds \tag{1.29}$$

Speziell kann man eine doppelpunktfreie Kurve auf einer 2d-Fläche (Koordinaten u^1 und u^2) mit dem „Flächeninhalt"

$$\sigma = \iint_D du^1 du^2 \tag{1.30}$$

betrachten (D ist das von der Randkurve eingeschlossene Gebiet). Somit ergibt sich der Zusammenhang: $x^i = x^i(u^1(s), u^2(s))$. Wir erhalten damit:

$$\frac{dx^i}{ds} = \frac{\partial x^i}{\partial u^1} \frac{du^1}{ds} + \frac{\partial x^i}{\partial u^2} \frac{du^2}{ds} \tag{1.31}$$

Die Tangentialebene wird hierbei durch die Tangentenvektoren $\frac{\partial x^i}{\partial u^1}$ und $\frac{\partial x^i}{\partial u^2}$ aufgespannt. Das obige Umlaufintegral (1.28) lässt sich nach einem Integralsatz von Gauß durch ein Flächenintegral ausdrücken. Man erhält:

$$\Delta A^k = -\iint \left(\Gamma_{lm}^k A^l \right)_{,n} dx^{mn} \tag{1.32}$$

Dem Flächenelement wird hierbei der 2-stufige antisymmetrische Tensor dx^{mn} zugeordnet, für den gilt:

$$dx^{mn} = \begin{vmatrix} dx_{(1)}^m & dx_{(1)}^n \\ dx_{(2)}^m & dx_{(2)}^n \end{vmatrix} \tag{1.33}$$

Hierin ist $dx_{(1)}^m = \frac{\partial x^m}{\partial u^1} du^1$ und $dx_{(2)}^m = \frac{\partial x^m}{\partial u^2} du^2$. $\tag{1.34}$

Mit den Tangentenvektoren lässt sich analog auch der zerfallende Bivektor x^{mn} bilden:

$$x^{mn} = \frac{\partial x^m}{\partial u^1} \frac{\partial x^n}{\partial u^2} - \frac{\partial x^n}{\partial u^1} \frac{\partial x^m}{\partial u^2} \tag{1.35}$$

Dieser Bivektor charakterisiert die zweidimensionale Richtung der Tangentialebene als auch den Umlaufsinn des Randes. Für die Auswertung der Krümmungseigenschaften des Raumes und unter Beachtung der Antisymmetrie des Flächentensors dx^{mn} ergibt sich aus (1.32) der Ausdruck

$$\left(\Gamma_{in}^{k}A^{i}\right)_{,m} - \left(\Gamma_{im}^{k}A^{i}\right)_{,n} = R^{k}{}_{imn}A^{i} \; , \tag{1.36}$$

welcher uns wieder auf den Riemannschen Krümmungstensor (1.13) führt [2]. Mit dem Bivektor x^{mk} und mit σ ergibt sich für die Richtungsänderung des Vektors um eine infinitesimale (σ geht gegen Null) geschlossene Kurve im gekrümmten Raum

$$\Delta A^{i} = R_{mkl}{}^{i}A^{l}x^{mk}\sigma + \varepsilon^{i}\sigma , \tag{1.37}$$

wobei der Vektor ε^{i} gemeinsam mit σ gegen Null geht[6].

1.3 Komponentenform und Gradient von Tensorfeldern

Im Folgenden gehen wir noch auf die Komponentendarstellung eines Tensors (bzw. Tensorfeldes) ein. Was wir bisher als Krümmungstensor bezeichneten, waren lediglich die Koordinaten oder Koeffizienten des Krümmungstensors, die sich jedoch auf eine bestimmte Basis beziehen. Es ergibt sich aber auch, wie man aus der Tensoralgebra mit ko- und kontravarianter Basis ableitet, eine Komponenten- bzw. Summendarstellung von Tensoren. Der Tensor ist dann durch die Summe seiner Komponenten gegeben. Da der Riemann-Tensor von 4.-ter Stufe ist, ergibt sich eine Verknüpfung der entsprechenden Basisvektoren zu einer 4-stufigen Basis. Die entsprechende Vierfachsumme, welche diese Basis mit den Koeffizienten des Tensors verknüpft, ergibt für den Riemann-Tensor [1]:

$$\mathbf{R}^{(4)} = R^{n}_{ilk}\mathbf{e}_{n} \otimes \mathbf{e}^{i} \otimes \mathbf{e}^{l} \otimes \mathbf{e}^{k} \tag{1.38}$$

Wollen wir z.B. den Gradienten des Riemann-Tensors ermitteln, so müssen wir nach dem Hauptsatz der Tensoranalysis (der Nabla-Operator wird als Tensor erster Stufe aufgefasst) den Ausdruck

$$\nabla\mathbf{R}^{(4)} = \mathbf{e}^{m}\partial_{m}\left(R^{n}_{ilk}\mathbf{e}_{n} \otimes \mathbf{e}^{i} \otimes \mathbf{e}^{l} \otimes \mathbf{e}^{k}\right) \tag{1.39}$$

mit dem Ableitungsoperator: $\partial_{m} = \dfrac{\partial}{\partial x^{m}}$ berechnen. Für unsere Betrachtungen reicht es aber aus, wenn wir die Koordinatenform benutzen. Für den Gradienten eines Tensorfeldes 1. Stufe ergibt sich zunächst in Komponentenschreibweise

$$\nabla\mathbf{A} = \mathbf{e}^{m}\partial_{m}\left(A_{k}\mathbf{e}^{k}\right) \tag{1.40}$$

bzw.

$$\nabla\mathbf{A} = \mathbf{e}^{m}\partial_{m}\left(A^{k}\mathbf{e}_{k}\right). \tag{1.41}$$

Für den Gradienten eines gemischten Tensorfeldes zweiter Stufe ergibt sich in der Komponentenform z.B.

$$\nabla \mathbf{T}^{(2)} = \mathbf{e}^m \partial_m \left(T^k_{\ i} \mathbf{e}_k \otimes \mathbf{e}^i \right). \tag{1.42}$$

Wir sehen, dass hierbei immer der Nabla-Operator und das Vektor- bzw. Tensorfeld, auf welches dieser Operator angewandt wird, in seiner Komponentenform verwendet wird. Die Ausrechnung der Beziehungen (1.40), (1.41) und (1.42) unter Verwendung der Zerlegungsformeln (1.6) ergeben Tensoren, deren Koeffizienten die kovarianten Ableitungen (1.24), (1.25) und (1.26) bilden.

Bemerkungen zur Verknüpfung der Basisvektoren:

Die obigen Basisvektoren sind durch Tensorprodukte miteinander verknüpft. Dabei müssen die Basisvektoren in einer bestimmten Reihenfolge nebeneinander stehen. Das Symbol $\otimes$ für das tensorielle Produkt wird dabei auch oft weggelassen. Beschränken wir uns auf 2 Vektoren $\mathbf{a}$ und $\mathbf{b}$ (diese Vektoren seien Tensoren erster Stufe), so kann man ihr Tensorprodukt $\mathbf{a} \otimes \mathbf{b}$ bilden (ist nicht kommutativ), indem man $\mathbf{a}\mathbf{b}^T$ bildet. Man erhält durch diese Produktbildung also eine Matrix, welche einen Tensor 2. Stufe darstellt. Man bezeichnet dieses Produkt auch als Dyadenprodukt der Vektoren $\mathbf{a}$ und $\mathbf{b}$ und schreibt dafür: $\mathbf{a} \circ \mathbf{b}$. Man beachte, dass hingegen das Produkt $\mathbf{a} \cdot \mathbf{b} = \mathbf{a}^T \mathbf{b}$ das Skalarprodukt dieser Vektoren ergibt. Für unser Tensorprodukt lässt sich also schreiben:

$$\mathbf{a} \otimes \mathbf{b} = \mathbf{a} \circ \mathbf{b} = \mathbf{a}\mathbf{b}^T \tag{1.43}$$

1.4 Transformation der Übertragungen

Man kann Tensorfelder in ein neues Koordinatensystem transformieren und dabei die Gruppe der homogenen, linearen Koordinatentransformationen in krummlinigen Koordinaten betrachten. Im Falle einer holonomen Koordinatentransformation entstehen wegen der Vollständigkeit der Koordinatendifferentiale die folgenden Transformationskoeffizienten:

$$A^{l'}_k = \frac{\partial x^{l'}}{\partial x^k} \quad \text{oder} \quad A^k_{l'} = \frac{\partial x^k}{\partial x^{l'}} \tag{1.44}$$

Hierin sind die neuen Koordinaten mit einem Strich gekennzeichnet. Die Transformationsmatrix ist kein Tensor zweiter Stufe. Die Gruppeneigenschaft kommt darin zum Ausdruck, dass die Tensortransformationen nacheinander ausführbar und umkehrbar sind. Für die Christoffel-Symbole erster Art ergibt sich aber das Transformationsgesetz

$$\Gamma_{i'k',l'} = A^i_{i'} A^k_{k'} A^l_{l'} \Gamma_{ik,l} + A^m_{i',k'} A^l_{l'} g_{ml}, \tag{1.45}$$

während wir für die Christoffel-Symbole zweiter Art das Transformationsgesetz

$$\Gamma^{l'}_{i'k'} = A^i_{i'} A^k_{k'} A^{l'}_l \Gamma^l_{ik} - A^{l'}_{i,k} A^i_{i'} A^k_{k'} \tag{1.46}$$

erhalten. In diesen beiden Transformationsgesetzen hat aber jeweils nur der erste Term den Charakter einer Tensortransformation (für einen Tensor dritter Stufe). Deshalb sind die Christoffel-Symbole keine Tensoren.

1.5 Zu höheren Geometrien und Spezialfällen des Riemann-Raumes

Sind in einem n-dimensionalen Riemann-Raum die Schnittkrümmungen alle gleich, so spricht man von einem Riemann-Raum konstanter Krümmung. Dabei ist in dem einen Fall die Krümmung positiv und es handelt sich dann um einen n-dimensionalen sphärischen Raum. Im entgegengesetzten Fall (die Krümmung ist negativ) handelt es sich um einen n-dimensionalen hyperbolischen Raum. Krümmung und Biegung sind streng zu unterscheiden. Die Biegung ist eine Eigenschaft der Einbettung und nicht des Riemann-Raumes. In Riemann-Räumen konstanter Krümmung können starre geometrische Figuren beliebig verschoben und gedreht werden, ohne dass sie dabei Deformationen erleiden. In diesen Räumen sind alle Punkte und Richtungen gleichberechtigt (Ihre Geometrie ist homogen und isotrop).

Es gibt auch über die Riemann Geometrie hinausgehende Geometrien [7], welche z.B. bei allgemeinen Feldtheorien zur Anwendung kommen. In diesen Räumen bezeichnet Γ^l_{ik} eine verallgemeinerte Übertragung, während die Riemannsche Übertragung (Christoffel-Symbole) mit $\left\{ \begin{matrix} l \\ i\,k \end{matrix} \right\}$ bezeichnet wird. So spricht man von Übertragungen mit Torsion, wenn die Übertragungen unsymmetrisch oder semisymmetrisch sind, also wenn $\Gamma^l_{ik} \neq \Gamma^l_{ki}$ ist. Bei einer unsymmetrischen Übertragung ist der Torsionstensor

$$S_{ik}^{\ l} = \frac{1}{2}\left(\Gamma^l_{ik} - \Gamma^l_{ki} \right) \tag{1.47}$$

beliebig. In einem Riemann Raum sind die Übertragungen symmetrisch, es handelt sich also um einen Raum ohne Torsion. Bildet man in einem Riemann-Raum die partiellen Ableitungen des metrischen Tensors, so ergibt sich unter Anwendung von (1.3) und (1.6):

$$g_{ik,l} = \left(\mathbf{e}_i \cdot \mathbf{e}_k \right)_{,l} = g_{km}\Gamma^m_{il} + g_{im}\Gamma^m_{kl} \tag{1.48}$$

Dies besagt aber, dass in einem Riemann-Raum die kovariante Ableitung der Metrik verschwindet. Es ist also

$$g_{ik;l} = 0 \text{ und } g^{ik}_{\ ;l} = 0. \tag{1.49}$$

Man spricht dann von metrischen Übertragungen. Es gibt jedoch auch Räume, in denen die kovariante Ableitung der Metrik nicht verschwindet. Das ist dann der Fall, wenn die Übertragungen semimetrisch oder unmetrisch sind.

Eine weitere Verallgemeinerung besteht darin, für die kovariante Ableitung (bzw. das kovariante Differential) unterschiedliche Übertragungen zu verwenden, je nachdem, ob die kovarianten oder kontravarianten Koeffizienten (z.B. eines Vektors) kovariant abgeleitet werden. (Eine Orthogonalität zweier Vektoren geht dabei im Allgemeinen verloren.) Das ist dann der Fall, wenn die Übertragungen inzidenzinvariant oder inzidenzvariant sind. Wird nur eine Art von Übertragung verwendet, so spricht man von überschiebungsinvarianten Übertragungen.

In einem Riemann-Raum sind die Übertragungen symmetrisch (ohne Torsion), metrisch und überschiebungsinvariant. Zudem ist der metrische Tensor symmetrisch.

2 Weitere Ableitungs- und Variationsformen von Tensorfeldern

2.1 Kontravariante Ableitung

Wir haben in einem Riemann-Raum die Möglichkeit mit dem metrischen Tensor die Tensorindizes herauf- oder herunterzuziehen (also von kovarianten Indizes zu kontravarianten Indizes oder umgekehrt überzugehen). Dies können wir auch mit dem Ableitungsindex tun (es ergibt sich nämlich durch ko- bzw. kontravariante Ableitung ein neuer Tensor). Beispielsweise erhalten wir für die kontravariante Ableitung eines Tensors zweiter Stufe durch Heraufziehen des Ableitungsindex [2]:

$$T^{ik\ ;\ l} = g^{lm} T^{ik}{}_{;m} \tag{2.1}$$

Wir sind hier von der kovarianten Ableitung zur kontravarianten Ableitung des Tensors T^{ik} übergegangen, wobei sich die kovariante Ableitung dieses Tensors zu

$$T^{ik}{}_{;m} = T^{ik}{}_{,m} + \Gamma^{i}_{nm} T^{nk} + \Gamma^{k}_{nm} T^{in} \tag{2.2}$$

ergibt. Ist hingegen die kontravariante Ableitung des Tensorfeldes gegeben und suchen wir die kovariante Ableitung, so ergibt sich durch Herunterziehen des Ableitungsindex für unser Beispiel:

$$T^{ik}{}_{;l} = g_{lm} T^{ik\ ;\ m} \tag{2.3}$$

2.2 Funktionsvariation des metrischen Tensors

Für eine infinitesimale variable Änderung (unter Angabe einer reellen Zahl ε) einer Vergleichsfunktion beispielsweise $y(x)$ gegenüber einer gesuchten Funktion $y_0(x)$, unter Beachtung bestimmter Differenzierbarkeitsvoraussetzungen und unter Beachtung von bestimmten Randbedingungen, hat man den Begriff der Funktionsvariation eingeführt. Man erhält dafür:

$$\delta y = \varepsilon \eta(x) = y(x) - y_0(x) \tag{2.4}$$

Weiterhin ist erkennbar, dass diese Variationsart mit der Differentiation vertauschbar ist. Die Randbedingungen werden dabei so angesetzt, dass die Variation an den Randpunkten verschwindet. Wir können nun diesen Begriff auf höhere Dimensionszahlen und auf kompliziertere mathematische (geometrische) Objekte verallgemeinern. Dabei erhält man in entsprechender Weise z.B. für den Metriktensor (seine kontravarianten Koeffizienten)

$$\delta g^{ik} = \tilde{g}^{ik}(x^l) - g^{ik}(x^l), \tag{2.5}$$

wobei hier eine andere Bezeichnungsweise ($\tilde{g}^{ik}(x^l)$ ist der variierte Tensor) eingeführt wurde [7]. Wir erkennen, dass diese Variation nicht mit einer Koordinatentransformation zusammenhängt. Wir wollen als nächstes infinitesimale Änderungen der Koordinaten in der Form

$$\delta x^i = x^{i'} - x^i = \xi^i(x^k) \tag{2.6}$$

betrachten. Dann können wir die Variation eines Tensorfeldes auch derart bestimmen, indem wir einmal den Tensor an der Stelle $x^{l'}$ und zum anderen an der Stelle x^l ermitteln und die Differenz bilden. Als Beispiel nehmen wir die Metrik und erhalten:

$$\overline{\delta}g^{ik} = g^{ik}(x^{l'}) - g^{ik}(x^l) = g^{ik}{}_{,l}\xi^l \tag{2.7}$$

Diese Beziehung ist analog der Beziehung zur Bildung des vollständigen Differentials aufgebaut. Zur Unterscheidung von der obigen Funktionsvariation haben wir hierfür eine andere Bezeichnung ($\overline{\delta}$) gewählt.

Bei bestimmten Rechnungen (z.B. bei Tensorintegralen) wird uns die Metrikdeterminante $g = |g_{ik}|$ bzw. ihre Wurzel, deren partielle Ableitungen und deren Variation interessieren. Diese Ableitungen bzw. Variationen lassen sich durch die Ableitungen bzw. die Variationen der ko- bzw. kontravarianten Metrikkoeffizienten ausdrücken. Wir erhalten [4]:

$$\frac{\partial_i \sqrt{g}}{\sqrt{g}} = \frac{1}{2}g^{kn}\partial_i g_{kn} = -\frac{1}{2}g_{kn}\partial_i g^{kn} = \Gamma^k_{ik} \tag{2.8}$$

Für die Funktionsvariation der Wurzel aus der Determinante der Metrik können wir statt der Ableitungen die entsprechende Variation setzen. Wir erhalten:

$$\frac{\delta\sqrt{g}}{\sqrt{g}} = \frac{1}{2}g^{kn}\delta g_{kn} = -\frac{1}{2}g_{kn}\delta g^{kn} = \delta\ln\sqrt{g} \tag{2.9}$$

2.3 Substantielle Variation des metrischen Tensors

Wir kommen nun zu einer weiteren Variationsart, welche mit den infinitesimalen Koordinatentransformationen (2.6) zusammenhängt. Der Tensor wird dabei in das neue Koordinatensystem transformiert. Es ergibt sich demnach für die Metrik:

$$\delta_S g^{ik} = g^{i'k'}(x^{l'}) - g^{ik}(x^l) \tag{2.10}$$

Diese Variationsart bezeichnet man als substantielle Variation [7]. Beim Übergang in das neue Koordinatensystem ist ein entsprechendes Transformationsgesetz für den metrischen Tensor anzusetzen:

$$g^{i'k'} = \frac{\partial x^{i'}}{\partial x^l}\frac{\partial x^{k'}}{\partial x^m}g^{lm} \tag{2.11}$$

Durch Einsetzen der infinitesimalen Koordinatentransformationen (2.6) folgt daraus:

$$g^{i'k'} = \left(\delta^i_l + \partial_l\xi^i\right)\left(\delta^k_m + \partial_m\xi^k\right)g^{lm} \tag{2.12}$$

Man erhält damit für die substantielle Variation der Metrik, wenn man nur die Glieder bis zur ersten Ordnung in ξ^i berücksichtigt:

$$\delta_S g^{ik} = g^{il}\partial_l\xi^k + g^{kl}\partial_l\xi^i \tag{2.13}$$

Die substantielle Variation ist mit der Differentiation nicht vertauschbar. Als nächstes wollen wir einen Ausdruck für die *substantielle Variation* von $\sqrt{g}$ gewinnen. Man erhält unter Verwendung der Transformationsformel für die Wurzel aus der Metrikdeterminante:

$$\sqrt{g'} = \left| A_{k'}^{i} \right| \sqrt{g} \, sign \left| A_{k'}^{i} \right| \tag{2.14}$$

Mit der Determinante der Transformationskoeffizienten

$$\left| A_{k'}^{i} \right| = 1 - \xi_{,l}^{l} \tag{2.15}$$

bei infinitesimalen Transformationen erhalten wir die folgende Beziehung für die substantielle Variation der Wurzel aus der Metrikdeterminate [7]:

$$\delta_S \sqrt{g} = \sqrt{g'} - \sqrt{g} = \left| A_{k'}^{i} \right| \sqrt{g} - \sqrt{g} = \left(1 - \xi_{,l}^{l} \right) \sqrt{g} - \sqrt{g} = -\sqrt{g} \, \xi_{,l}^{l} \tag{2.16}$$

2.4 Lokale Variation, Lie-Differential und Lie-Transport

Wird der Tensor in ein neues Koordinatensystem transformiert (infinitesimale Transformationen), so kann auch das Argument für den Tensor beibehalten werden (Übertragung der Koordinaten in das neue Koordinatensystem). Es ergibt sich dann die Variation (am Beispiel des metrischen Tensors)

$$\delta_L g^{ik} = g^{i'k'}(x^l) - g^{ik}(x^l), \tag{2.17}$$

welche als lokale Variation bezeichnet wird. Diese Differenz lässt sich wie folgt umschreiben:

$$\delta_L g^{ik} = g^{i'k'}(x^l) - g^{ik}(x^l) = \left\{ g^{i'k'}(x^{l'}) - g^{ik}(x^l) \right\} - \left\{ g^{i'k'}(x^{l'}) - g^{i'k'}(x^l) \right\} \tag{2.18}$$

Die beiden Klammerausdrücke haben wir bereits bestimmt. In der ersten Klammer steht gerade die substantielle Variation des Tensors. Es ergibt sich daher aus (2.18):

$$\delta_L g^{ik} = \delta_S g^{ik} - g_{,l}^{ik} \xi^l = g^{lk} \xi_{,l}^{i} + g^{il} \xi_{,l}^{k} - g_{,l}^{ik} \xi^l \tag{2.19}$$

Die lokale Variation ist mit der Differentiation vertauschbar. Wird die lokale Variation mit Minus Eins multipliziert, so ergibt sich das Lie-Differential. Für den metrischen Tensor ergibt sich damit:

$$\Delta_{\mathcal{L}} g^{ik} = g_{,l}^{ik} \xi^l - g^{lk} \xi_{,l}^{i} - g^{il} \xi_{,l}^{k} \tag{2.20}$$

Unter Verwendung der substantiellen Variation und der Ableitung der Wurzel aus der Metrikdeterminante ergibt sich mit (2.8) und (2.16):

$$\frac{\delta_L \sqrt{g}}{\sqrt{g}} = -\xi_{,l}^{l} - \frac{1}{2} g^{ik} \partial_p g_{ik} \xi^p \tag{2.21}$$

Man kann nun mit Hilfe des Lie-Differentials und den ξ^k einen Differentialquotienten definieren, welchen man als Lie-Ableitung bezeichnet. Wir bilden nun die substantielle Variation des kovarianten metrischen Tensors und erhalten:

$$\delta_S g_{ik} = -g_{lk}\xi_{,i}^l - g_{il}\xi_{,k}^l \tag{2.22}$$

Wir erhalten damit für das Lie-Differential:

$$\Delta_{\mathcal{L}} g_{ik} = g_{lk}\xi_{,i}^l + g_{il}\xi_{,k}^l + g_{ik,l}\xi^l \tag{2.23}$$

Benutzen wir hierin die kovarianten Ableitungen und beachten, dass die kovariante Ableitung des metrischen Tensors verschwindet, so entsteht:

$$\Delta_{\mathcal{L}} g_{ik} = \xi_{i;k} + \xi_{k;i} \tag{2.24}$$

Unter einem Lie-Transport versteht man eine Verschiebung, bei der das Lie-Differential verschwindet. Dies ist z.B. der Fall, wenn in einem mitbewegten Koordinatensystem eines Kontinuums die Vektorkoordinaten keiner zeitlichen Änderung unterliegen. Für den Lie-Transport des metrischen Tensors ergibt sich aus (2.24) die Killing-Gleichung [7]

$$\xi_{i;k} + \xi_{k;i} = 0 . \tag{2.25}$$

2.5 Totale Variation und andere Variationsformen für Tensoren

Durch Kombination der bislang besprochenen Variationsarten ergeben sich weitere Variationsformen. Kombiniert man nun die substantielle Variation mit der Funktionsvariation, so erhält man die sogenannte *totale Variation*. Für die totale Variation der Metrik ergibt sich demnach [7]:

$$\delta_T g^{ik} = \delta_S g^{ik} + \delta g^{ik} = g^{lk}\xi_{,l}^i + g^{il}\xi_{,l}^k + \delta g^{ik} \tag{2.26}$$

Wir können dies natürlich auch mit der lokalen Variation ausdrücken und erhalten:

$$\delta_T g^{ik} = \delta_L g^{ik} + g^{ik}{}_{,l}\xi^l + \delta g^{ik} \tag{2.27}$$

Die totale Variation ist mit der Differentiation nicht vertauschbar, da die hierin vorkommende substantielle Variation nicht mit der Differentiation vertauschbar ist. Wir wollen noch eine neue Variationsart einführen, die wir als kombinierte Variation bezeichnen. Für bestimmte Betrachtungen in der Feldtheorie erweist es sich nämlich als vorteilhaft diese neue Variationsart zu verwenden. Die kombinierte Variation sei nun die Summe aus der lokalen Variation und der Funktionsvariation, sodass wir für die kombinierte Variation des metrischen Tensors

$$\delta_K g^{ik} = \delta_L g^{ik} + \delta g^{ik} = g^{lk}\xi_{,l}^i + g^{il}\xi_{,l}^k - g_{,l}^{ik}\xi^l + \delta g^{ik} \tag{2.28}$$

erhalten. Wir erinnern uns, dass wir statt ξ^k auch δx^k schreiben können. Die kombinierte Variation ist mit der Differentiation vertauschbar, da die lokale Variation und die Funktionsvariation mit der Differentiation vertauschbar sind. Die behandelten Variationen spielen in der Feldtheorie insbesondere auch im Zusammenhang mit der Formulierung von Symmetrien und Erhaltungssätzen eine große Rolle, wobei hier auch noch entsprechende Integralvariationen betrachtet werden.

2.6 Ableitungen und Variationsableitungen von Feldgrößen nach der Metrik

In der Feldtheorie wird man auch auf Ableitungen von Skalar- bzw. Tensorfeldern nach Tensorfeldern geführt. Wir gehen zunächst von der Beziehung

$$g^{ik} g_{lk} = g^i_l = \delta^i_l \tag{2.29}$$

aus, die durch Anwendung der Indexbewegung auf den Metriktensor selbst entsteht. Hieraus erhalten wir durch Differenzierung die Ableitung des kontravarianten metrischen Tensors nach dem kovarianten metrischen Tensor zu [7]:

$$\frac{\partial g^{ik}}{\partial g_{mn}} = -\frac{1}{2} \left(g^{im} g^{kn} + g^{in} g^{km} \right) \tag{2.30}$$

Zur Abkürzung wollen wir

$$\mathcal{G}^{imkn} = g^{im} g^{kn} + g^{in} g^{km} \tag{2.31}$$

bzw.

$$\mathcal{G}^{imkn}_{(-)} = g^{im} g^{kn} - g^{in} g^{km} \tag{2.32}$$

setzen. Im Zusammenhang mit dem Hamilton-Prinzip der Feldtheorie und den damit verbunden Integralvariationen (wir werden dies noch ausführen), werden wir bei Annahme einer Lagrange-Funktion erster Ordnung und unter bestimmten Randbedingungen auf die Variationsableitung

$$\frac{\delta \mathcal{L}}{\delta g_{mn}} = \frac{\partial \mathcal{L}}{\partial g_{mn}} - \left(\frac{\partial \mathcal{L}}{\partial g_{mn,i}} \right)_{,i} \tag{2.33}$$

geführt. Bei Annahme einer Lagrange-Funktion zweiter Ordnung entsteht dann [7]:

$$\frac{\delta \mathcal{L}}{\delta g_{mn}} = \frac{\partial \mathcal{L}}{\partial g_{mn}} - \left(\frac{\partial \mathcal{L}}{\partial g_{mn,i}} \right)_{,i} + \left(\frac{\partial \mathcal{L}}{\partial g_{mn,i,j}} \right)_{,i,j} \tag{2.34}$$

Hiermit wird die Variationsableitung der Lagrange-Funktion nach dem metrischen Tensor bestimmt. In der ART kann speziell für das Gravitationsfeld $\mathcal{L} = \sqrt{g} \cdot R$ gesetzt werden. Um diese Variationsableitungen zu ermitteln, benötigen wir also die partiellen Ableitungen der Lagrange-Funktion nach dem metrischen Tensor und seinen Ableitungen.

Ausgehend von einer bestimmten Form der skalaren Krümmung und der Beziehungen für die Ableitungen der Christoffel-Symbole nach der Metrik bzw. nach den Ableitungen der Metrik ergeben sich die folgenden Ableitungen der Krümmungsinvariante [7]:

$$\frac{\partial R}{\partial g_{mn,i,j}} = g^{ij}g^{mn} - \frac{1}{2}\mathcal{G}^{imjn} \tag{2.35}$$

$$\frac{\partial R}{\partial g_{mn,i}} = g^{sq}\left(\Gamma_{sq}^{m}g^{in} + \Gamma_{sq}^{n}g^{im} - \Gamma_{sq}^{i}g^{mn}\right) - \left(\Gamma_{sq}^{m}g^{iq}g^{sn} + \Gamma_{sq}^{n}g^{mq}g^{si} - \Gamma_{sq}^{i}g^{mq}g^{sn}\right) \tag{2.36}$$

Die Ableitung der Krümmungsinvariante nach der Metrik ist schließlich durch

$$\frac{\partial R}{\partial g_{mn}} = \left(\mathcal{G}^{smln}g^{kq} - \frac{1}{2}\mathcal{G}^{kmln}g^{sq} - \frac{1}{2}\mathcal{G}^{smqn}g^{kl}\right)g_{qs,k,l} + \left(\mathcal{G}^{smln}g^{kq} - \mathcal{G}^{kmln}g^{sq}\right)\Gamma_{kl}^{r}\Gamma_{sq,r} +$$
$$+ \frac{1}{2}\left(\Gamma_{kl}^{n}\Gamma_{sq}^{m} + \Gamma_{kl}^{m}\Gamma_{sq}^{n}\right)\mathcal{G}_{(-)}^{lsqk} \tag{2.37}$$

gegeben. Bei diesen Ableitungen erkennen wir, dass die kovarianten Indizes als auch die Ableitungsindizes, derjenigen Größe, nach der abgeleitet wird, zu kontravarianten Indizes werden.
Wir erwähnen noch einige wichtige Funktionsvariationen. Man kann nun bestimmte Variationen der Christoffel-Symbole bilden und selbige kovariant ableiten, wobei sich wieder die kovariante Ableitung durch die partielle Ableitung ausdrücken lässt. Damit erhalten wir z.B. für die Variation des Ricci-Tensors [7]:

$$\delta R_{kl} = \left(\delta\Gamma_{ik}^{i}\right)_{;l} - \left(\delta\Gamma_{kl}^{i}\right)_{;i} \tag{2.38}$$

Weiterhin ergeben sich Verknüpfungen der Variationen des Ricci-Tensors und der Variationen des metrischen Tensors zu

$$g_{mn}\delta R^{mn} = -2R^{mn}\delta g_{mn} + g^{mn}\delta R_{mn}, \tag{2.39}$$

wobei man die Beziehung

$$R_{km}\delta g^{km} = -R^{km}\delta g_{km} \tag{2.40}$$

erhält.

3 Der Materietensor

3.1 Zusammensetzung des Energie-Impulstensors

Wir haben nun diejenigen Tensoren kennengelernt (wie z.B. Metriktensor und Ricci-Tensor), mit welchen wir die gekrümmte Raum-Zeit-Geometrie und damit das Gravitationsfeld beschreiben können. Um aber auch die Materiewirkungen zu beschreiben, welche mit der Gravitation zusammenhängen, benötigen wir noch einen weiteren Tensor der Energie- und Impulsdichten bzw. Stromdichten, sowie die Druck- und Spannungseigenschaften der Materie erfasst. Dieser Tensor wird als Energie-Impulstensor oder Materietensor bezeichnet. Er ist ebenfalls (wie der Ricci-Tensor und der Metriktensor) ein zweistufiger symmetrischer Tensor. Der Materietensor setzt sich nun wie folgt zusammen [3]:

$$\left(T_i{}^k\right) = \begin{pmatrix} \omega & \left(\dfrac{1}{c}S^b\right)^T \\ \left(-c\pi_a\right) & \left(T_a{}^b\right) \end{pmatrix} \tag{3.1}$$

$$a,b = 1...3 \quad i,k = 0...3$$

Hierin bedeuten:

$T_a{}^b$ 3d-Spannungstensor π_a Impulsdichte

S^b Energiestromdichte ω Energiedichte

Je nach Anwendung wird nun der Materietensor spezifiziert. So ergibt sich für ein ideales Elektrofluid (ideales Gas) für den mechanischer Energietensor [3]:

$$\Theta^{ij} = -\left(\mu + \frac{p}{c^2}\right)u^i u^j - pg^{ij} \tag{3.2}$$

Hierin bedeuten:

μ Ruhemassedichte
p mechanischer Druck

Die Vierergeschwindigkeit wird durch $u^i = \dfrac{dx^i}{d\tau}$ bestimmt.

Für den elektromagnetischen Energietensor erhält man [3]:

$$E^{ij} = \frac{1}{4\pi}\left(B^{ik}H_k{}^j + \frac{1}{4}g^{ij}B_{kl}H^{kl}\right) \tag{3.3}$$

B^{ik} elektromagnetischer Feldstärketensor
H^{ik} Induktionstensor

Aus den Tensoren (3.2) und (3.3) setzt sich dann der Energie-Impuls-Tensor zusammen:

$$T^{ij} = E^{ij} + \Theta^{ij} \tag{3.4}$$

3.2 Lokale Variation und Erhaltungssätze in der allgemeinen Relativitätstheorie

Wir wollen nun die Formulierung der Erhaltungssätze für Energie und Impuls in der allgemeinen Relativitätstheorie behandeln. Hierzu nehmen wir den Energie-Impulstensor zu Hilfe. Wir wollen uns dabei mit den lokalen Erhaltungssätzen (differentielle Form) befassen. Für die Herleitung der Einsteinschen Feldgleichungen, der Geodätengleichung und auch für die Formulierung der Erhaltungssätze geht man von bestimmten Variationsprinzipien aus. Wir betrachteten auch (Siehe Abschnitt 2.4) eine lokale Variation des metrischen Tensors, bei der das Argument gleich bleibt. Ein mit dem Materietensor zusammenhängendes Wirkungsprinzip kann mit dieser lokalen Variation formuliert werden und verlangt, dass bei Erfüllung der Erhaltungssätze die lokale Variation der Materiewirkung verschwindet. Dies ist gleichbedeutend damit, dass die kovariante Divergenz des Energie-Impulstensors verschwindet.

Um dies zu zeigen, betrachten wir jetzt im Zusammenhang mit der lokalen Variation der Materiewirkung eine lokale Variation der Metrik. Wir erhalten somit für das Verschwinden der lokalen Variation des entsprechenden Wirkungsintegrals im 4-dimensionalen Riemann-Raum:

$$\delta_L W_M = \int \sqrt{g}\, T_{ik}\, \delta_L g^{ik}\, d^4 x = 0 \tag{3.5}$$

Hierin ist $\quad \delta_L g^{ik} = g^{i'k'}(x^l) - g^{ik}(x^l) \tag{3.6}$

die lokale Variation des metrischen Tensors. In (3.5) ist $d^4 w = \sqrt{g}\, d^4 x$ das 4-dimensionale Volumen des Weltgebietes. W_M bezeichnet die Wirkung der Materie. Für die lokale Variation des Metriktensors erhielten wir (statt der Kommasymbolik schreiben wir bei diesen Rechnungen den Ableitungsoperator aus):

$$\delta_L g^{ik} = g^{il}\partial_l \xi^k + g^{kl}\partial_l \xi^i - \partial_l g^{ik}\xi^l \tag{3.7}$$

Wir gehen damit in (3.5) und erhalten:

$$\delta_L W_M = \int \sqrt{g}\, T_{ik}\, \delta_L g^{ik}\, d^4 x = \int \left(\sqrt{g}\, T_k^{\ l}\partial_l \xi^k - \frac{1}{2}\sqrt{g}\, T_{ik}\xi^l \partial_l g^{ik} \right) d^4 x = 0 \tag{3.8}$$

Wir haben hierbei die Gleichung durch 2 dividiert und dabei ausgenutzt, dass mit der Metrik die Indizes hochgezogen werden können. Mit partieller Integration des ersten Terms in (3.8) ergibt sich:

$$\delta_L W_M = \int \left(\partial_k \left(\sqrt{g}\, T_l^{\ k} \right) + \frac{1}{2}\sqrt{g}\, T_{ik}\partial_l g^{ik} \right) \xi^l d^4 x = 0 \tag{3.9}$$

Außerdem haben wir die Gleichung mit -1 multipliziert. Wir bestimmen nun im zweiten Term von (3.9) den folgenden Ausdruck:

$$T_{ik}\partial_l g^{ik} = -2\Gamma_{ls}^{k} T_k^{\ s} \tag{3.10}$$

Hierbei haben wir die Beziehungen (1.3) und (1.6) verwendet. Aus (3.9) folgt mit (3.10) und nach Division durch $\sqrt{g}$:

$$\frac{1}{\sqrt{g}}\partial_k\left(\sqrt{g}T_l^{\ k}\right)-\Gamma_{ls}^k T_k^{\ s}=0 \tag{3.11}$$

Damit sind wir beim Satz für die Erhaltung von Energie und Impuls angelangt. Die linke Seite der Gleichung (3.11) stellt die kovariante Divergenz des Energie-Impulstensors dar. Wir können daher (3.11) auch wie folgt ausdrücken:

$$T^{ij}_{\ ;j}=0 \tag{3.12}$$

Für die Erfüllung der lokalen Erhaltungssätze (für Energie und Impuls) in der allgemeinen Relativitätstheorie muss also die kovariante Divergenz des Materietensors verschwinden. Für die Formulierung der Erhaltungssätze für Energie und Impuls kann auch der Einsteinsche Energiekomplex des Gravitationsfeldes (in dem die Lagrange-Dichte des Gravitationsfeldes auftritt) verwendet werden [7]. Der Übergang zu integralen Erhaltungssätzen in der allgemeinen Relativitätstheorie ist nur unter bestimmten Voraussetzungen möglich (z.B. das physikalische Substrat (Teilchen Felder) muss eine inselförmige Verteilung besitzen oder stark genug räumlich abklingen). Es ergibt sich, dass die Energie nicht lokalisierbar ist [7]. Den Erhaltungssätzen liegen bestimmte Symmetrien zugrunde.
Für die Formulierung weiterer Erhaltungssätze in der allgemeinen Relativitätstheorie und zu weiteren Untersuchungen zu dieser Problematik soll auf [4] und [7] verwiesen werden.

4   Herleitung der Einsteinschen Gravitations-Feldgleichungen

Die Herleitung der Feldgleichungen erfolgt aus einem Variationsprinzip (Wirkungsprinzip) in integraler Form. Zur Beschreibung der Felder und Wirkungen benötigt man Lagrange-Funktionen bzw. Lagrange-Dichten (im 4- dimensionalen gekrümmten Raum), zum einen für das Gravitationsfeld und zum anderen für die Materie. Die Lagrange-Dichte für das Gravitationsfeld ist von der Metrik und dessen ersten und zweiten partiellen Ableitungen nach den Koordinaten abhängig, sie wird durch den Krümmungsskalar im Riemann-Raum ausgedrückt. Eine weitere skalare Funktion erhalten wir analog mit dem Materietensor und der Metrik, sodass sich

$$L_G=R=g^{ik}R_{ik} \tag{4.1}$$

für die Lagrange-Dichte des Gravitationsfeldes und

$$L_M=T=g^{ik}T_{ik} \tag{4.2}$$

für die Lagrange-Dichte der Materie ergibt. Durch Integration über diese Lagrange-Dichten (4-fach-Integrale) ergeben sich Wirkungen (Wirkungsintegrale) im 4-dimensionalen Raum. Wir erhalten damit für die Gravitationswirkung (bis auf eine Konstante):

$$W_G=\int_{V_4}Rd^4w \tag{4.3}$$

und für die Materiewirkung:

$$W_M = \int_{V_4} T d^4 w \tag{4.4}$$

Die Integration wird über das 4-dimensionale Volumen des Weltgebietes

$$d^4 w = \sqrt{g} d^4 x \tag{4.5}$$

erstreckt. Hierin werden die Koordinatendifferentiale zu

$$d^4 x = dx^0 dx^1 dx^2 dx^3 \tag{4.6}$$

zusammengefasst, worin mit $dx^0 = cdt$ das Koordinatendifferential der 4.-ten Dimension ausgedrückt wird. Für das Variationsproblem werden entsprechende Randbedingungen formuliert. Diese sagen hier aus, dass an der Grenze des 4d-Weltgebietes die Variation der Metrik und die Variationen der ersten Ableitungen der Metrik verschwinden. Also:

$$\delta g_{ik} \big|_{(V_4)} = 0 \qquad \delta g_{ik,m} \big|_{(V_4)} = 0 \tag{4.7}$$

Die Gesamtwirkung setzt sich nun aus der Gravitationswirkung und der Materiewirkung zusammen. Die Tatsache, dass die Wirkung (Gesamtwirkung) ein Extrema oder einen stationären Wert annimmt, führt auf das Ergebnis, dass die erste Variation der Gesamtwirkung verschwinden muss.

Also:

$$\delta W = \delta(W_G + W_M) = 0 \tag{4.8}$$

Hierbei wird speziell ein Ausdruck gesucht, bei dem unter allen Variationen der Metrik die Gesamtwirkung einen stationären Wert annimmt. Als Beispiel wollen wir uns nur mit der Variation des Wirkungsintegrals für die Gravitationswirkung beschäftigen. Wir erhalten aus der Beziehung (4.3) unter Verwendung von Formel (4.1) und (4.5):

$$\delta W_G = \delta \int_{V_4} R d^4 w = \delta \int_{V_4} \mathcal{L}_G d^4 x = \int_{V_4} \delta \mathcal{L}_G d^4 x = \int_{V_4} \delta \left(g^{ik} R_{ik} \sqrt{g} \right) d^4 x \tag{4.9}$$

(mit $\mathcal{L}_G = R\sqrt{g}$, Lagrange-Funktion für das Gravitationsfeld)

In die Variation wird hier also auch die Variation über das Volumen des 4d-Weltgebietes mit einbezogen. Die Berechnung von (4.9) unter Beachtung der Randbedingungen (4.7) und von Formel (2.9) ergibt:

$$\delta W_G = \int_{V_4} \left(R_{ik} - \frac{1}{2} g_{ik} R \right) \sqrt{g} \, \delta g^{ik} d^4 x \tag{4.10}$$

Für die Variationsableitung der Lagrange-Funktion nach der Metrik ergibt sich somit:

$$\frac{\delta \mathcal{L}_G}{\delta g^{ik}} = \left(R_{ik} - \frac{1}{2} g_{ik} R \right) \sqrt{g}$$

(4.11)

Die ausführliche Rechnung unter Berücksichtigung der Materiewirkung, der Gravitationskonstanten und der Forderung, dass die Gesamtwirkung einen stationären Wert annimmt, führt schließlich auf die Einsteinschen Feldgleichungen [4]:

$$R_{ik} - \frac{1}{2} g_{ik} R = \kappa T_{ik}$$

(4.12)

Hierin ist

$$\kappa = \frac{8\pi G}{c^4}$$

(4.13)

die Einsteinsche Gravitationskonstante, welche sich aus der Newtonschen Gravitationskonstante G berechnet. Die Einsteinschen Feldgleichungen der Gravitation (4.12) bilden ein System von 10 nichtlinearen partiellen Differentialgleichungen zweiter Ordnung für den Metriktensor. Im Allgemeinen ergeben sich 16 Differentialgleichungen. Da aber die hierin vorkommenden Tensoren symmetrisch sind, verbleibt ein System von 10 Differentialgleichungen. Die Feldgleichungen erfüllen die Erhaltungssätze für Energie- und Impuls, denn es lässt sich zeigen, dass

$$\left(R^{ik} - \frac{1}{2} g^{ik} R \right)_{;k} = 0$$

(4.14)

ist, woraus sich wieder die Beziehung (3.12) mit $T^{ik}{}_{;k} = 0$ ergibt, welche wiederrum auf Bewegungsgleichungen führt [4]. Die linke Seite der Feldgleichungen (4.12) beschreibt das Gravitationsfeld und die mit ihm verbundene Krümmung der Raum-Zeit. Die rechte Seite beschreibt die nichtgravischen Felder und die Eigenschaften der Materie. Über die Einsteinsche Gravitationskonstante wird dabei ein Zusammenhang hergestellt. Die Eigenschaften der Materie bestimmen damit die Eigenschaften der 4-dimensionalen Raum-Zeit und umgekehrt. Für den Außenraum (Vakuum) eines Himmelskörpers gilt $T_{ik} = 0$ wonach sich dann die Feldgleichungen auf die Vakuumfeldgleichungen

$$R_{ik} = 0$$

(4.15)

spezialisieren. Wir wollen noch auf eine weitere Herleitungsmöglichkeit der Einsteinschen Feldgleichungen hinweisen. Wie wir festgestellt haben, ist die Lagrange-Dichte vom Metriktensor und dessen ersten und zweiten Ableitungen nach den Koordinaten abhängig. Wir können daher unser Wirkungsintegral für die Gesamtwirkung auch wie folgt formulieren:

$$W = \int_{V_4} L\left(g_{mn}, g_{mn,i}, g_{mn,i,j}, x^i \right) d^4 w$$

(4.16)

Damit ergibt sich unsere Variationsaufgabe (das Hamilton-Prinzip der Feldtheorie) zu:

$$\delta W = \delta \int_{V_4} L\left(g_{mn}, g_{mn,i}, g_{mn,i,j}, x^i\right)\sqrt{g}\, d^4 x = 0 \tag{4.17}$$

Hierbei sind wieder die Randbedingungen (4.7) zu berücksichtigen. Wenn wir nun noch eine Funktionsvariation für den Metriktensor (und seine Ableitungen) ansetzen und diese Variationen in (4.17) berücksichtigen, so kommen wir auf die entsprechenden Lagrange-Gleichungen. Mit der Lagrange-Funktion $\mathcal{L} = \sqrt{g} \cdot L$ ergibt sich dann [4]:

$$\frac{\delta \mathcal{L}}{\delta g_{mn}} = \frac{\partial \mathcal{L}}{\partial g_{mn}} - \left(\frac{\partial \mathcal{L}}{\partial g_{mn,i}}\right)_{,i} + \left(\frac{\partial \mathcal{L}}{\partial g_{mn,i,j}}\right)_{,i,j} = 0 \tag{4.18}$$

Wir erhalten also für jeden Metrikkoeffizienten eine Gleichung. Um das Hamilton-Prinzip der Feldtheorie zu erfüllen, muss also die Variationsableitung der Lagrange-Funktion nach der Metrik verschwinden. Bei der Herleitung der Feldgleichungen trennt man nun die Lagrange-Funktion in einen metrischen und einen nichtmetrischen Anteil auf. Der metrische Anteil $\widetilde{\mathcal{L}}_{G}$ ergibt sich (siehe oben), wenn wir noch die Einsteinsche Gravitationskonstante berücksichtigen zu:

$$\widetilde{\mathcal{L}}_{G} = \frac{1}{2 \cdot \kappa}\left(R \cdot \sqrt{g}\right) \tag{4.19}$$

Die Variationsableitung des nichtmetrischen Anteils $\mathcal{L}_{u}$ der Lagrange-Funktion nach der Metrik wird mit Hilfe des Materietensors ausgedrückt. Man erhält:

$$\frac{\delta \mathcal{L}_{u}}{\delta g_{mn}} = -\frac{\sqrt{g}}{2} T^{mn} \tag{4.20}$$

Die Variationsableitung des metrischen Anteils können wir nun nach (4.18) (unter Verwendung von (4.19) als Lagrange-Funktion) berechnen. Daraus ergibt sich:

$$\frac{\delta \widetilde{\mathcal{L}}_{G}}{\delta g_{mn}} = \frac{1}{2\kappa}\left(R^{mn} - \frac{1}{2} g^{mn} R\right)\sqrt{g} \tag{4.21}$$

Bis auf den Faktor hatten wir diesen Ausdruck schon in (4.11) in einer anderen Form (mit den kovarianten Tensoren) erhalten.

Da nach (4.18) die Variationsableitung verschwinden muss, ergibt sich:

$$\frac{\delta \mathcal{L}}{\delta g_{mn}} = \frac{\delta \widetilde{\mathcal{L}}_{G}}{\delta g_{mn}} + \frac{\delta \mathcal{L}_{u}}{\delta g_{mn}} = 0 \tag{4.22}$$

Daraus ergeben sich die Einsteinschen Feldgleichungen (mit (4.20) und (4.21)) zu:

$$R^{mn} - \frac{1}{2} g^{mn} R = \kappa T^{mn}$$

(4.23)

Im Unterschied zu (4.12) sind hier die vollständig kontravarianten Tensoren verwendet worden. Überschiebt man die Feldgleichung (4.12) mit dem Metriktensor g^{ik}, so ergibt sich eine weitere Form der Feldgleichung. Man erhält

$$R_{ik} = \kappa \left(T_{ik} - \frac{1}{2} g_{ik} T \right)$$

(4.24)

Für den Skalar T erhält man (4.2) also

$$T = g^{ij} T_{ij},$$

wobei sich der Krümmungsskalar zu

$$R = -\kappa T$$

(4.25)

ergibt.

5   Bestimmung der Einsteinschen Gravitationskonstante

Wir wollen noch die Ableitung der Formel für die Einsteinsche Gravitationskonstante betrachten. Hierbei geht man davon aus, dass für schwache Gravitationsfelder die Einsteinsche-Theorie in die Newtonsche Theorie übergehen muss. Wir setzen daher für die folgenden Betrachtungen ein schwaches und zeitunabhängiges Gravitationsfeld voraus und wollen zudem nur kleine Teilchengeschwindigkeiten zulassen[6].

Der Einfluss der Gravitation soll nun durch kleine Größen (viel kleiner als 1) γ_{ij} berücksichtigt werden. Diese Größen und ihre Ableitungen sollen gegenüber Eins vernachlässigbar sein. Auch Produkte dieser Größen sind im Vergleich zu diesen Größen selbst vernachlässigbar.

Das Linienelement lautet damit in einem fast Galileischen Koordinatensystem:

$$ds^2 = -(dx^0)^2 + (dx^1)^2 + (dx^2)^2 + (dx^3)^2 + \gamma_{ij} dx^i dx^j \quad \text{mit } x^0 = c \cdot t$$

(5.1)

Die Metrik ergibt sich daraus zu:

$$g_{ij} = \eta_{ij} + \gamma_{ij}$$

(5.2)

Mit $\eta_{ij} = 0$ für $i \neq j$ $\eta_{00} = -1$ $\eta_{\alpha\alpha} = 1$

Vereinbarung:
Lateinische Indizes laufen von 0...3 und griechische Indizes von 1...3

Für die Christoffelsymbole 1. Art ergibt sich wegen (5.2)

$$\Gamma_{ij,l} = \frac{1}{2}\left(\frac{\partial \gamma_{li}}{\partial x^j} + \frac{\partial \gamma_{lj}}{\partial x^i} - \frac{\partial \gamma_{ij}}{\partial x^l}\right) \tag{5.3}$$

Für die Christoffelsymbole 2. Art ergibt sich wegen (5.2) und aufgrund der oben angesprochenen Vernachlässigungen:

$$\Gamma_{ij}^k \approx \eta^{kl}\Gamma_{ij,l} = \pm\Gamma_{ij,k}\begin{pmatrix} k=1,2,3 \\ k=0 \end{pmatrix} \tag{5.4}$$

Die Differentialgleichungen der Geodätischen spezialisieren sich damit auf:

$$\frac{d^2x^0}{d\sigma^2} - \Gamma_{ij,0}\frac{dx^i}{d\sigma}\frac{dx^j}{d\sigma} = 0 \qquad \frac{d^2x^\alpha}{d\sigma^2} + \Gamma_{ij,\alpha}\frac{dx^i}{d\sigma}\frac{dx^j}{d\sigma} = 0 \tag{5.5}$$

An dieser Stelle müssen einige Bemerkungen zum Parameter σ erfolgen. In der speziellen Relativitätstheorie gilt für das Linienelementquadrat:

$$ds^2 = -\left(dx^0\right)^2 + \left(dx^1\right)^2 + \left(dx^2\right)^2 + \left(dx^3\right)^2 \tag{5.6}$$

Hierin ist:

$$dx^0 = -dx_0 = c \cdot dt \quad dx^1 = dx_1 = dx \quad dx^2 = dx_2 = dy \quad dx^3 = dx_3 = dz \tag{5.7}$$

Da die Geschwindigkeit v kleiner als die Lichtgeschwindigkeit c ist, ergibt sich: $ds^2 < 0$. Für die Bestimmung des Tangentenvektors wird der Parameter σ verwendet. Es gilt:

$$d\sigma = \sqrt{-ds^2} = cdt\sqrt{1 - \frac{v^2}{c^2}} \tag{5.8}$$

Diese Formel erhält man unter Zuhilfenahme von (5.6) und (5.7). Das Linienelement im 4-dimensionalen Raum lässt sich wie folgt durch das Eigenzeitdifferential $d\tau$ ausdrücken:

$$ds = icd\tau \tag{5.9}$$

Damit ergibt sich nach (5.8)

$$d\sigma = c \cdot d\tau \tag{5.10}$$

und

$$d\tau = dt\sqrt{1 - \frac{v^2}{c^2}}. \tag{5.11}$$

Mit (5.7) und (5.8) lässt sich der Tangentenvektor an die Weltlinie bestimmen:

$$\mathcal{T}^i = \frac{dx^i}{d\sigma} = \frac{dx^i}{c \cdot d\tau} \tag{5.12}$$

z.B. ist $\quad \mathcal{T}^0 = \dfrac{1}{\sqrt{1-\dfrac{v^2}{c^2}}} \qquad \mathcal{T}^1 = \dfrac{dx}{cdt\sqrt{1-\dfrac{v^2}{c^2}}} = \dfrac{v_x}{c\sqrt{1-\dfrac{v^2}{c^2}}}$

Entsprechend ergibt sich mit dy der Ausdruck für $\mathcal{T}^2$ und mit dz der Ausdruck für $\mathcal{T}^3$. Multipliziert man (5.12) mit der Lichtgeschwindigkeit, so erhalten wir die Formel für die Vierergeschwindigkeit:

$$u^i = \frac{dx^i}{d\tau} \tag{5.13}$$

Aus (5.8) folgt für kleine Geschwindigkeiten:

$$d\sigma = dx^0 = cdt \tag{5.14}$$

Aus der Geodätengleichung (5.5) für ein schwaches Gravitationsfeld, für kleine Geschwindigkeiten gegenüber der Lichtgeschwindigkeit und unter der Voraussetzung, dass das Schwerefeld im Unendlichen verschwindet, ergibt sich für die Beschleunigung eines Teilchens im Schwerfeld [6]:

$$\frac{d^2 x^\alpha}{dt^2} = \frac{c^2}{2} \frac{\partial \gamma_{00}}{\partial x^\alpha} - c\frac{\partial \gamma_{\alpha 0}}{\partial t} - \frac{\partial \gamma_{\alpha\beta}}{\partial t}\frac{dx^\beta}{dt} - \frac{1}{2}\frac{\partial \gamma_{00}}{\partial t}\frac{dx^\alpha}{dt} \tag{5.15}$$

Für ein zeitunabhängiges Gravitationsfeld ergibt sich aus (5.15):

$$\frac{d^2 x^\alpha}{dt^2} = \frac{c^2}{2} \frac{\partial \gamma_{00}}{\partial x^\alpha} \tag{5.16}$$

Die Potentialfunktion ϕ ist hieraus ersichtlich. Außerdem beachten wir (5.2) und erhalten für das Potential:

$$\phi = \frac{\gamma_{00}c^2}{2} = \frac{(g_{00}+1)c^2}{2} = \frac{Gm}{r} \tag{5.17}$$

Hierin ist G die Newtonsche Gravitationskonstante. Diese Formeln werden uns später wieder interessieren. Beschäftigen wir uns nun mit der Berechnung der Koordinate R_{00} des Ricci-Tensors aus den Feldgleichungen. Zur Vereinfachung betrachten wir den stationären Fall (Massen in Ruhe). Hierbei hat der Materietensor nur eine von Null verschiedene Koordinate:

$$T_{00} = T^{00} = -\mu c^2 \tag{5.18}$$

Mit unserem Genauigkeitsgrad setzen wir: $\quad g^{00} \approx \eta^{00} = -1$.

Außerdem folgt: $R_{\alpha 0} = 0$. Wir erhalten aus den Feldgleichungen für R_{00}:

$$R_{00} = \kappa\left(T_{00} - \frac{1}{2}Tg_{00}\right)$$

(5.19)

Hierin ist T ein Skalar mit:

$$T = T_{00}g^{00} = T_0{}^0 = \mu c^2$$

(5.20)

Wir erhalten damit aus (5.19) mit (5.20) und (5.18):

$$R_{00} = -\frac{1}{2}\kappa\mu c^2$$

(5.21)

Im Folgenden wird der Ricci-Tensor noch auf eine andere Art berechnet. Man erhält zunächst für den vollständig kovarianten Riemann-Christoffel-Tensor:

$$R_{lkij} = \frac{1}{2}\left(\frac{\partial^2 g_{lj}}{\partial x^k \partial x^i} - \frac{\partial^2 g_{li}}{\partial x^k \partial x^j} - \frac{\partial^2 g_{kj}}{\partial x^l \partial x^i} + \frac{\partial^2 g_{ki}}{\partial x^l \partial x^j}\right) + g_{pq}\left(\Gamma^p_{lj}\Gamma^q_{ki} - \Gamma^p_{kj}\Gamma^q_{li}\right)$$

(5.22)

Mit unserem Genauigkeitsgrad vernachlässigen wir die Produkte der Christoffelsymbole und erhalten unter Berücksichtigung von (5.2):

$$R_{ijkl} \approx \frac{1}{2}\left(\frac{\partial^2 \gamma_{jk}}{\partial x^i \partial x^l} + \frac{\partial^2 \gamma_{il}}{\partial x^j \partial x^k} - \frac{\partial^2 \gamma_{jl}}{\partial x^i \partial x^k} - \frac{\partial^2 \gamma_{ik}}{\partial x^j \partial x^l}\right)$$

(5.23)

Wir überschieben diese Gleichung zur Bestimmung des Ricci-Tensors mit $\eta^{il} \approx g^{il}$. Es ergibt sich:

$$R_{jk} \approx \frac{1}{2}\left(\Delta_4 \gamma_{jk} + \frac{\partial^2 \gamma}{\partial x^j \partial x^k} - \frac{\partial^2 \gamma^i_j}{\partial x^i \partial x^k} - \frac{\partial^2 \gamma^l_k}{\partial x^j \partial x^l}\right)$$

(5.24)

Mit $\gamma = \gamma_{il}\eta^{il}$ $\gamma^i_j = \gamma_{jl}\eta^{il}$ und $\Delta_4 = -\frac{\partial^2}{(\partial x^0)^2} + \frac{\partial^2}{(\partial x^1)^2} + \frac{\partial^2}{(\partial x^2)^2} + \frac{\partial^2}{(\partial x^3)^2}$

Wegen der Zeitunabhängigkeit ergibt sich aus (5.24) für R_{00}:

$$R_{00} = \frac{1}{2}\Delta\gamma_{00}$$

(5.25)

Wir setzen nun (5.21) mit (5.25) gleich und erhalten:

$$\Delta\gamma_{00} = -\kappa\mu c^2$$

(5.26)

Dies ist die Poissonsche Differentialgleichung, deren Lösung sich zu

$$\gamma_{00}(x^1,x^2,x^3) = \frac{\kappa c^2}{4\pi} \iiint \frac{\mu(y^1,y^2,y^3)}{\rho} dy^1 dy^2 dy^3 \qquad (5.27)$$

$$\text{mit } \rho = \sqrt{(x^1-y^1)^2+(x^2-y^2)^2+(x^3-y^3)^2} \qquad (5.28)$$

ergibt. Aus (5.16) mit (5.27) ergibt sich für die Beschleunigung des Teilchens schließlich:

$$\frac{d^2x^\alpha}{dt^2} = \frac{c^2}{2}\frac{\partial\gamma_{00}}{\partial x^\alpha} = \frac{\kappa c^4}{8\pi}\frac{\partial}{\partial x^\alpha} \iiint \frac{\mu(y^1,y^2,y^3)}{\rho} dy^1 dy^2 dy^3 \qquad (5.29)$$

Aufgrund unserer Voraussetzung eines schwachen Gravitationsfeldes haben wir mit (5.29) die Formel für die Newtonsche Theorie erhalten, in der als Vorfaktor die Newtonsche Gravitationskonstante $G = 6,673\cdot10^{-11}m^3s^{-2}kg^{-1}$ steht. Deshalb gilt:

$$G = \frac{\kappa c^4}{8\pi} \text{ oder } \kappa = \frac{8\pi G}{c^4} \qquad (5.30)$$

Damit ergibt sich für die Einsteinsche Gravitationskonstante: $\kappa = 2,0763\cdot10^{-43}m^{-1}s^2kg^{-1}$.

6 Zu den Lösungen und Lösungsmethoden der Feldgleichungen

Für die Feldgleichungen gibt es Lösungsmethoden, die zu strengen Lösungen bzw. Lösungsmethoden, die zu Näherungslösungen führen. Um strenge Lösungen zu gewinnen, kann man für das Quadrat des Linienelementes bzw. für den Metriktensor bestimmte Ansätze benutzen, in denen z.B. radialabhängige oder zeitabhängige Funktionen auftauchen. Dieser Ansatz wird der spezifischen Problemstellung (den Randbedingungen) angepasst. So gibt es Ansätze für Himmelskörper, für den Kosmos oder für Gravitationswellen usw. Aus dem Metrikansatz lassen sich anschließend Ausdrücke für die Christoffel-Symbole, den Ricci-Tensor usw. gewinnen. Aus den Feldgleichungen (die dem Problem angepasst sind) erhält man damit erneut Differentialgleichungen für die noch unbekannten Funktionen. Weitere Lösungsmethoden, welche auf Näherungslösungen führen, beruhen auf Reihenentwicklungen (z.B. Fast-Motion-Approximation) der Dichte des metrischen Tensors (wobei eine Entwicklung nach der Gravitationskonstante erfolgt). Mit dieser Reihe geht man dann in die Feldgleichungen ein. Für die allgemeine Lösung der entstandenen homogenen Differentialgleichung für die Tensordichte des Metriktensors wird ein linearer Ansatz verwendet. Die allgemeine Lösung der inhomogenen Differentialgleichung setzt sich dann aus der allgemeinen Lösung der homogenen Differentialgleichung und einer speziellen Lösung der inhomogenen Differentialgleichung zusammen [4].
Eine weitere analytische Lösungsmethode beruht auf der Anwendung der Bäcklund-Transformationsmethode [5]. Hat eine nichtlineare Differentialgleichung bestimmte Symmetrien (z.B. Lie-Bäcklund-Symmetrien), so kann sie analytisch gelöst werden. Über Ansatzmethoden mit sog. Pseudopotentialen und über Integrabilitätsbedingungen usw. lässt sich dann einer nichtlinearen Differentialgleichung ein lineares System zuordnen. Ausgehend von einer bekannten Lösung der nichtlinearen Gleichung, kann man dann eine zugehörige Lösung dieses linearen Systems gewinnen. Im Anschluss ermittelt man eine neue Lösung des zugehörigen linearen Problems durch eine Transformation der Ausgangslösung mit einem

Matrixpolynom n-ten Grades unter Verwendung eines Spektralparameters und daraus schließlich die Lösung des zugehörigen nichtlinearen Problems.

Um die Bäcklund-Transformation auf die Feldgleichungen anzuwenden, werden selbige auf eine Differentialgleichung im Komplexen geführt (unter Berücksichtigung eines Metrikansatzes und unter Einführung einer komplexen Koordinate und eines komplexen Potentials) [5]. Die hier nur kurz skizzierten Lösungsmethoden führen in der Regel zu außerordentlich aufwendigen Rechnungen. Als Beispiel betrachten wir zunächst einen Metrikansatz in Schwarzschild-Koordinaten in der Form [3]

$$ds^2 = e^{\alpha(r)}dr^2 + r^2\left[d\vartheta^2 + \sin^2 \vartheta \cdot d\varphi^2\right] - e^{\beta(r)}\left(dx^0\right)^2, \tag{6.1}$$

mit $x^0 = ct$ (4.-te Dimension), $x^1 = r$ (radiale Koordinate) $x^2 = \vartheta$ und $x^3 = \varphi$,

woraus wir über $R_{ik} = 0$ eine Außenraumlösung für einen kugelsymmetrischen Himmelskörper ohne Rotation und Ladung bekommen (äußere Schwarzschild-Lösung):

$$g_{00} = -e^{\beta(r)} = -\left(1 - \frac{r_g}{r}\right) \quad g_{11} = e^{\alpha(r)} = \frac{1}{1 - \dfrac{r_g}{r}} \quad g_{22} = r^2 \quad g_{33} = r^2 \sin^2 \vartheta \tag{6.2}$$

Der hierin vorkommende Gravitationsradius ist von der Masse abhängig und ergibt sich zu:

$$r_g = \frac{2GM}{c^2}. \tag{6.3}$$

Das Linienelement wird auch durch die Eigenzeit τ in der Form: $ds = icd\tau$ ausgedrückt. Wir verweisen darauf, dass sich für orthogonale Koordinaten (wie wir sie hier vorliegen haben) $g_{ik} = 0$ für $i \neq k$ und $g^{ii} = \dfrac{1}{g_{ii}}$ ergibt. Außerdem erhalten wir dann Vereinfachungen für die Christoffel-Symbole Γ_{ik}^l :

$$\Gamma_{ii}^{(i)} = \frac{1}{2}g^{(ii)}\partial_i g_{ii} \qquad \text{für} \quad i = k = l$$

$$\Gamma_{ii}^l = -\frac{1}{2}g^{(ll)}\partial_l g_{ii} \qquad \text{für} \quad i = k \quad i \neq l \tag{6.4}$$

$$\Gamma_{ik}^{(i)} = \frac{1}{2}g^{(ii)}\partial_k g_{ii} \qquad \text{für} \quad i = l \quad i \neq k$$

und $\Gamma_{ik}^l = 0 \qquad$ für $\quad i \neq k \neq l$.

In (6.4) treten dabei keine Summationen mehr auf, was durch die Klammern gekennzeichnet wird. Neben der äußeren Schwarzschild-Lösung gibt es auch eine innere Schwarzschild-Lösung für das Innere einer Kugel $r \leq R$ (Kugelradius) mit homogener Massedichte[3].

Mit dem Parameter

$$a^2 = \frac{R^3}{r_g} \qquad (6.5)$$

und den Abkürzungen (Korrekturgrößen)

$$k_1 = \sqrt{1 - \frac{r^2}{a^2}} \quad \text{sowie} \quad k_2 = \sqrt{1 - \frac{R^2}{a^2}} \qquad (6.6)$$

erhält man für das Linienelementquadrat:

$$ds^2 = \frac{dr^2}{k_1^2} + r^2 \left[d\vartheta^2 + \sin^2\vartheta \cdot d\varphi^2 \right] - \frac{1}{4} [3k_2 - k_1]^2 \left(dx^0 \right)^2 \qquad (6.7)$$

An der Kugeloberfläche ($r = R$) ist $k_1 = k_2$ und die innere Schwarzschild-Lösung (6.7) geht in die äußere Schwarzschild-Lösung (6.1) über. Als Beispiel können wir aus (6.7) auch einmal die Zeitverschiebung im Inneren eines Himmelskörpers ermitteln. Halten wir dabei den Ort fest, so ergibt sich als Beziehung zwischen Eigenzeit- und Koordinatenzeitdifferential:

$$d\tau = \frac{1}{2} [3k_2 - k_1] dt \qquad (6.8)$$

Die Druckverteilung im Inneren der Kugel ist hierbei durch

$$p = \frac{1}{\kappa \cdot a^2} \left(\frac{2k_1}{3k_2 - k_1} - 1 \right) \qquad (6.9)$$

gegeben [3]. An der Kugeloberfläche verschwindet der Druck. Im Inneren der Kugel ist der Druckverlauf kompliziert und er kann auch sein Vorzeichen wechseln, was z.B. für die Bildung von schwarzen Löchern von Bedeutung ist.
Für eine rotierende Masse ist nur eine Außenraumlösung (Kerr-Lösung) bekannt. Diese Lösung enthält neben der Masse auch den Drehimpuls L als Parameter. Der Drehimpuls geht dabei in den Parameter

$$a_0 = \frac{L}{Mc} \qquad (6.10)$$

ein. Die Kerr-Lösung stellt eine rotationssymmetrische, stationäre (gleichmäßige Rotation) Vakuumlösung dar. Mit den Abkürzungen

$$A = r^2 + a_0^2 \cos^2\vartheta \quad B = r^2 + a_0^2 - rr_g \quad C = r^2 + a_0^2 = B + rr_g \quad D = \frac{rr_g}{A} \qquad (6.11)$$

$$x^0 = ct \quad x^1 = r \quad x^2 = \vartheta \quad x^3 = \varphi$$

können wir die Kerr-Metrik wie folgt aufschreiben:

$$ds^2 = A\left[d\vartheta^2 + \frac{dr^2}{B}\right] + C\sin^2\vartheta\, d\varphi^2 + D\left[dx^0 + a_0\sin^2\vartheta\, d\varphi\right]^2 - \left(dx^0\right)^2 \tag{6.12}$$

Es ergibt sich somit für den metrischen Tensor:

$$g_{00} = D-1 \quad g_{11} = \frac{A}{B} \quad g_{22} = A \tag{6.13}$$

$$g_{30} = g_{03} = Da_0\sin^2\vartheta \quad g_{33} = Da_0^2\sin^4\vartheta + C\sin^2\vartheta$$

Verschwindet der Drehimpuls $(L=0)$, so geht die Kerr-Lösung (6.12) in die Schwarzschild-Lösung (6.1) über.

Für den Kosmos ergeben sich nichtstatische Lösungen (z.B. Friedman-Lösung) der Einsteinschen Feldgleichungen. Hierin ist also der Weltradius (Krümmungsradius) zeitabhängig. Man geht in der Regel von einem homogenen und isotropen Kosmos aus. Für ein kosmologisches Modell, welches sphärisch und geschlossen oder hyperbolisch und offen oder eben sein kann, legen wir die Robertson-Walker-Metrik (RWM) zugrunde. In dieser Metrik muss neben dem Krümmungsindex k (welcher die Art des Modells bestimmt) auch der zeitlich veränderliche Krümmungsradius berücksichtigt werden. Es sei nun $R(t)$ der zeitlich veränderliche Krümmungsradius des Kosmos. Die Winkel θ und ϕ sind Polarwinkel. Die Zeit geht in die 4.-te Dimension ein. Eine Abstandsfunktion σ bestimmt sich nun (je nach Modell) wie folgt:

$$\sigma = \sin\chi \quad \text{wenn } k=1 \quad \text{sphärische Krümmung, geschlossener Kosmos}$$
$$\sigma = \chi \quad \text{wenn } k=0 \quad \text{eben, offener Kosmos} \tag{6.14}$$
$$\sigma = \sinh\chi \quad \text{wenn } k=-1 \quad \text{hyperbolische Krümmung, offener Kosmos}$$

Wenn ein Lichtsignal zum Zeitpunkt $t=t_0$ gesendet ($\chi=0$) und zum Zeitpunkt $t=t_1$ empfangen wird, so ergibt sich für die Abstandskoordinate aus der RWM ($ds^2=0$ und Polarwinkel konstant):

$$\chi = \int_{t_0}^{t_1} \frac{c\,dt}{R(t)} \tag{6.15}$$

Dabei erhält man die folgenden Intervalle für die Abstandskoordinate χ:

$$0 \leq \chi \leq \pi \text{ für } k=1 \text{ und } 0 \leq \chi < \infty \text{ für } k=0,-1. \tag{6.16}$$

Der Abstand ergibt sich damit zu:

$$D = R(t)\cdot\chi \tag{6.17}$$

Drückt man die RWM mit dieser Abstandskoordinate aus, so erhält man:

$$ds^2 = R(t)^2 \left(d\chi^2 + \left\{ \begin{matrix} \sin^2 \chi \\ \chi^2 \\ \sinh^2 \chi \end{matrix} \right\} \left(d\theta^2 + \sin^2 \theta \cdot d\phi^2 \right) \right) - c^2 dt^2 \quad k = \left\{ \begin{matrix} +1 \\ 0 \\ -1 \end{matrix} \right\} \tag{6.18}$$

Wir setzen für die Koordinaten: $x^0 = c \cdot t$, $x^1 = \chi$, $x^2 = \theta$ und $x^3 = \phi$. Es ist also, wie aus der RWM ersichtlich, in jedem der drei Fälle $g_{00} = -1$ und $g_{11} = R^2(t)$. Für g_{22} erhalten wir: $g_{22} = R^2(t) \cdot \sin^2 \chi$, bei sphärischer Krümmung, $g_{22} = (R(t) \cdot \chi)^2$, wenn keine Krümmung vorhanden ist und $g_{22} = R^2(t) \cdot \sinh^2 \chi$ bei hyperbolischer Krümmung des Raumes. Für g_{33} erhalten wir schließlich aus der RWM: $g_{33} = g_{22} \cdot \sin^2 \theta$.

Was bestehen aber für Möglichkeiten, wenn wir i.a. (im Weltall) Abweichungen von der Homogenität und Isotropie berücksichtigen müssen? In diesem Fall würden verschiedene Modelle für einen Kosmos in Frage kommen, die im Weltall (was durchaus mehr sein kann, als nur unserer beobachtbarer Kosmos) realisiert sein können. Was ist weiter zu folgern, wenn wir Quanteneffekte, die Vakuumenergie, die dunkle Energie, zusätzliche Skalarfelder, welche aus verallgemeinerten Feldtheorien folgen und Strukturbildungsprozesse in der Kosmologie berücksichtigen müssen? Man wird dann nicht oder nicht notwendig auf einen Urknall für die Entstehung unseres Kosmos geführt, dann trifft das Urknallmodell wahrscheinlich nicht (oder nur in grober Näherung) zu und unser Kosmos ist nicht der Einzige.
Diese Probleme erfordern aber eine weitergehende Analyse.

Literatur:

[1] Schultz-Piszachich, W. : Tensoralgebra und -analysis 2. Auflage. Teubner Verlagsgesellschaft, Leipzig 1979.

[2] Kästner, S. : Vektoren, Tensoren, Spinoren. Berlin: Akademie-Verlag 1954.

[3] Schmutzer, E. : Grundlagen der theoretischen Physik, Teil 1 und 2, Wissenschaftsverlag, Mannheim-Wien-Zürich 1989.

[4] Schmutzer, E. : Relativistische Physik, Teubner Verlagsgesellschaft, Leipzig 1968.

[5] Meinel, R. , Neugebauer G. und Steudel H.: Solitonen. Akademie Verlag GmbH, Berlin 1991.

[6] Raschewski P.K.: Riemannsche Geometrie und Tensoranalysis 2. Auflage, Verlag Harri Deutsch, Frankfurt am Main 1995.

[7] Schmutzer, E.: Fünfdimensionale Physik. Wissenschaftsverlag Thüringen, Langewiesen 2009.